AF459584

MÉMOIRE

SUR

LA CONSERVATION DES GRAINS

DANS DES SILOS

OU FOSSES SOUTERRAINES.

Ne pouvant, dans la réunion de ce jour, donner à chacun des explications verbales comme je le désirerais, j'ai consigné dans ce court mémoire les raisons qui m'ont fait agir, le but que j'ai cherché à atteindre, et les moyen- que j'ai employés ; j'y ai joint le plan d'un silo, *les dimensions et la description de sa construction, pour l'instruction des personnes qui voudront se servir de ce mode économique de conservation appliqué aux grains, et l'employer sans difficulté comme sans tâtonnement.*

IMPRIMERIE DE CARPENTIER-MÉRICOURT,

RUE DE GRENELLE-SAINT-HONORÉ, N°. 59.

MEMOIRE

SUR

LA CONSERVATION DES GRAINS

DANS DES

SILOS

OU FOSSES SOUTERRAINES,

D'APRÈS LES EXPÉRIENCES FAITES

A SAINT-OUEN, PRÈS PARIS.

Par M. Ternaux l'aîné.

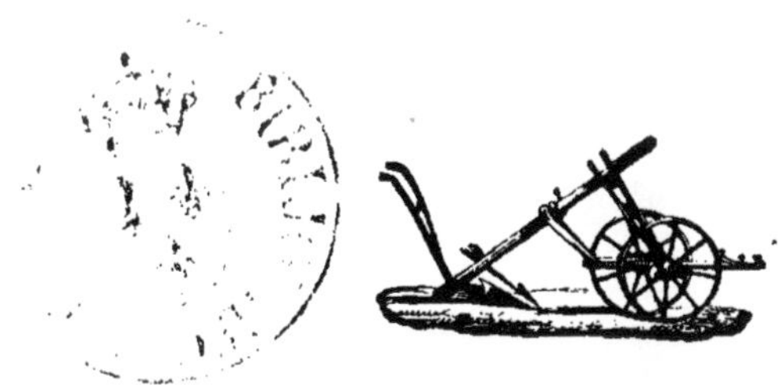

DISTRIBUÉ A SAINT-OUEN,

LE 19 MAI 1825.

MÉMOIRE

SUR LA CONSERVATION DES GRAINS

DANS

DES SILOS OU FOSSES SOUTERRAINES.

Faire arriver les années d'abondance au secours des années de disette, avec le plus de facilité et d'économie possible, telle est la solution d'un problème non moins important pour la prospérité de l'agriculture que pour l'existence de l'homme.

Manufacturier, j'en ai senti toute ma vie l'extrême importance, puisque de l'aisance de l'ouvrier dépend généralement le prix de la main-d'œuvre; aussi cet objet a-t-il constamment fixé mon attention. J'ai dû le méditer encore davantage, lorsque, appelé comme membre du conseil-général du département à concourir à l'administration de la capitale, je fus témoin des embarras où elle se trouva pendant les années calamiteuses de 1816 et 1817, embarras résultant d'un système vicieux d'approvisionnement, suivi depuis plus d'un siècle, et dont le temps a démontré, d'une manière incontestable l'insuffisance et la prodigalité. L'expérience m'a convaincu qu'une nouvelle disette pourra seule faire sortir l'administration de l'aveuglement où elle semble se complaire, et alors peut-être examinera-t-on une question débattue infructueusement depuis tant d'années. Cet état de choses existera tant que le Gouvernement et les particuliers persisteront à ne pas vouloir considérer le commerce des grains comme celui de toute autre denrée, consistant à l'acheter lorsqu'elle est à bon marché, et à la revendre quand elle est chère; tant que ce commerce ne jouira pas, sous la protection des lois, d'une sécurité entière; et tant que l'on méconnaîtra son utilité pour le soutien de l'agriculture dans les années abondantes et pour le soulagement du peuple dans les années stériles.

Aucun homme raisonnable ne conteste aujourd'hui ces principes; mais cela ne suffit pas: il faut encore, en prenant les précautions convenables pour arriver à ce *mieux-être* si désirable, que ces principes soient fermement adoptés par les gouvernemens et appréciés par les gouvernés (1).

---

(1) Je me plais en cette occasion à rendre hommage au vertueux ministre de l'intérieur de 1816 et de 1817, M. Lainé. Il n'a pas craint de risquer la perte de son crédit, de sa popularité et de sa place, en déployant dans ces temps difficiles toutes les forces du gouvernement pour la libre circulation des grains, et il a affaibli par là des maux produits peut-être autant par l'imprévoyance et par l'ignorance, que par l'intempérie des saisons.

Je ne répéterai pas ce que j'ai déjà publié dans un Mémoire que j'eus l'honneur de remettre au Roi en 1818, lorsque l'abondante récolte de cette année eut fait cesser les malheurs du peuple et les angoisses du Gouvernement, ni ce que j'ai dit sur la législation des grains pendant la session de 1820. Sans détailler ici les suffrages nombreux et honorables que m'ont accordés les hommes les plus distingués, et qui fortifient mon système de conservation, je pourrais répondre victorieusement aux observations critiques de quelques personnes, qui, blessées dans leurs intérêts par l'adoption de mon projet, ont voulu, pour cette raison, y voir un monopole, tandis qu'il ne tend à rien moins qu'à le détruire, et à faire passer, sans secousse, le commerce des grains de l'état de gêne où il se trouve encore aujourd'hui, à un état d'indépendance qui pourra décider la prospérité et la tranquillité publique. Je ferai, en peu de mots, l'exposé des principes et des résultats qui établissent mon système.

Je puis, au reste, tranquilliser les partisans des vieilles habitudes en leur disant : que la conservation des grains dans les *silos*, ou fosses souterraines, remonte à la plus haute antiquité. Non-seulement on voit encore aujourd'hui à Amboise les ruines des greniers de Jules-César, consistant en trois grandes galeries taillées en voûte dans le roc, où il avait fait pratiquer des *silos ;* mais je tiens encore du savant antiquaire que nous venons de perdre, M. Denon, quelques grains de blé qu'il m'a donnés, en m'assurant les avoir recueillis lui-même dans l'un des anciens monumens de la Haute-Égypte ; ce qui atteste que c'est par l'interception des influences atmosphériques que les anciens conservaient leurs grains. Pour ceux qui doutent que ce mode soit encore d'un usage assez répandu, qu'ils veuillent bien s'en rapporter au grand nombre de voyageurs qui ont vu des *silos* en Espagne, en Italie, en Pologne, en Afrique, etc.

On ne sera pas étonné que ce mode précieux de conservation des grains ait été si anciennement et si généralement adopté, lorsqu'on voudra réfléchir qu'il est fondé sur la théorie la plus simple et la plus claire.

Quatre grandes masses de molécules, que nous désignons sous les noms généraux d'air, de feu, d'eau et de terre, composaient l'univers selon les anciens, qui les qualifiaient d'élémens, probablement parce qu'ils entendaient par élément, le principe dont l'essence primitive, aussi bien que l'origine des germes, appartient au créateur ou cause première. Ces principes, qu'il ne nous est pas donné de comprendre non plus que le temps, l'espace, l'infini, peuvent par nous être divisés, séparés, décomposés indéfiniment pour nous, mais nous ne pouvons, même avec nos meilleurs instrumens, saisir ou comprendre les dernières molécules. Ce que nous connaissons, c'est qu'elles entrent dans la composition de tous les corps où elles sont modifiées par des combinaisons différentes. Pendant la vie, ou en d'autres termes, l'action de la force organique ou du germe, l'être, l'individu, homme, animal, ou plante, se sature d'un plus ou moins grand nombre de ces molécules, par la digestion, l'absorption, la végétation, etc., et après la mort, ces masses par la force de leur gravitation et de leur cohésion, reprennent à cet individu, les molécules qui leur appartiennent pour les rendre à un autre germe, et ainsi de suite; or, comme la conservation des grains n'est autre chose qu'un retard dans la décomposition de cette substance, pour l'obtenir, j'ai pensé que je devais soustraire ce céréale à l'action de ces masses d'air, d'eau, de terre et de feu, qui tendent à le décomposer aussitôt après la moisson.

Ainsi, le grain dans le *silo*, est soustrait à l'action de la chaleur et du froid par quatre pieds de terre qui existent au-dessus de sa partie supérieure : à l'action de l'air, parce qu'il est hermétiquement enfermé ; à celle de l'eau et de la terre, parce qu'il en est séparé par une couche de paille. Si le grain est menacé par l'humidité provenant d'infiltration ou autrement, la paille se dilate, se pourrit, forme une croûte qui devient une enveloppe plus épaisse et ajoute à la sûreté de la conservation (1).

J'ai éprouvé l'effet de cette couche de paille d'une manière bien sensible dans mon second *silo* contenant 574 hectolitres de la récolte de 1821, lesquels ont été renouvelés l'année dernière.

Une infiltration assez considérable, à huit pieds au-dessus du *silo*, et que je croyais supprimée, s'est reproduite dans le cours de l'hiver précédent. Je devais craindre que tout le grain ne fût avarié. Il n'en a rien été; la paille fut attaquée, pourrie dans cette partie, et environ un hectolitre de

(1) Je dois d'autant moins craindre d'entrer dans de pareilles explications, que les observations que m'a communiquées un de mes anciens collègues, membre du conseil municipal, beaucoup de personnes pourraient me les adresser, en me disant que notre climat rend ce mode de conservation plus difficile chez nous que chez les peuples du midi. Je lui répondis que c'était précisément pour empêcher l'action de la température que j'avais adopté ce mode, puisque ce qui constitue la température, c'est la chaleur, l'humidité et l'air combiné avec les molécules terrestres. Ces observations avaient pour but de motiver le refus du conseil municipal de me donner à la conservation sur la réserve de la ville de Paris, deux mille quintaux métriques de froment que M. le directeur de la réserve et M. le Préfet de la Seine m'avaient promis au mois d'août dernier, ce qui m'avait décidé à faire construire les trois nouveaux *silos* que j'ai consacrés aux expériences en grand. Cette conservation devait avoir lieu aux mêmes prix, clauses et conditions soumissionnés par d'autres conservateurs. Pour garantie de mon engagement, j'aurais même déposé deux fois la valeur des grains à la caisse d'amortissement.

grain sur 574 fit ce que l'on appelle *rocher;* le reste était en très-bon état; les farines qui en sont provenues ont été vendues comme les autres à la halle de Paris, après avoir été moulues et bénéficiées par M. Desobry, de Saint-Denis, qui a bien voulu y donner ses soins.

Après avoir établi avec plus ou moins de succès la théorie qui m'a paru la plus exacte sur la conservation des grains par les fosses souterraines, laissant à la controverse le soin de l'approuver ou de la combattre par d'autres raisonnemens plus ou moins fondés, comme pour tout ce qui est *systématique,* je viens à ce qui est plus positif, à ce que confirme l'expérience et l'examen des faits.

Ce fut en 1819, après m'être assuré par les voyageurs et par mes correspondans, que l'on conservait les grains en beaucoup d'endroits dans des fosses souterraines, que je fis le premier essai de ce mode de conservation. Je fis construire à ma campagne de Saint-Ouen le premier *silo* dans lequel il fut déposé 199 hectolitres de blé de la récolte de 1818. C'est celui qui est le plus près du mur de la grille du parc. Il fut ouvert le 12 octobre 1820 pour la première fois; le procès-verbal d'*ouverture* fut authentiquement dressé le 12 octobre; celui de la *mouture* du grain qu'on en retira les 9 et 10 novembre suivant, et enfin celui de la *panification* les 27 et 28 du même mois.

Ces procès-verbaux sont annexés à ce Mémoire.

Le contenu de ces silos a toujours été dans un état très-satisfaisant, quoiqu'il soit contre les règles de ce mode de conservation de remettre dans les fosses des grains qui en auraient été retirés. Depuis cinq ans, mon premier *silo* a été ouvert une fois par année, et le grain qu'il renferme a toujours été trouvé sans altération sensible, bien qu'il n'avait pas, à l'époque de la seconde fermeture du *silo*, toute la siccité convenable, le pain fait avec ce grain a toujours été excellent.

Je n'avais pas alors l'expérience que j'ai acquise depuis sur l'importance de la fermeture du *silo*, et pour laquelle on n'avait pas pris assez de précautions. Elles doivent être très-grandes et telles qu'elles sont décrites et annexées au plan que j'ai fait dresser et que je joins à ce Mémoire.

Ces différens résultats, provenant de faits matériels, prouvent d'une manière incontestable que c'est l'action continuelle des élémens dont j'ai parlé plus haut qui décompose le grain.

Pour arriver à ces résultats sur un point aussi important, puisqu'il ne se rattache pas moins aux premiers besoins du peuple qu'à la tranquillité et à l'ordre public, j'ai dû faire des essais multipliés, et m'assurer de leur succès. Comme c'est dans la meilleure conservation des grains et la méthode la plus économique et la plus durable que réside d'une manière plus spéciale cette haute question d'économie publique, je dois, ce me semble, démontrer plus amplement ce que j'ai avancé : que les succès du commerce d'approvisionnement dépendent principalement de la conservation plus ou moins économique des grains. En effet, la question est, pour ainsi dire, là toute entière.

Nous avons vu que le grain sortait du *silo* en bon état; examinons maintenant les dépenses auxquelles s'élève la conservation par ce procédé, en les comparant à celles des autres modes en usage.

Qu'un négociant fasse comme la ville de Paris, qui donne sa réserve de grains à conserver à des marchands ou à des meûniers (1), auxquels il est alloué par année 1 f. 50 cent. par quintal métrique de blé, ce qui fait 10 pour 100 de sa valeur, lorsque le prix est de 15 fr. le quintal, il paiera 10 pour 100, ci. . . . . 10 »

La ville de Paris fournit les locaux aux particuliers qui conservent les grains : or, l'intérêt du capital des bâ-

(1) Ce mode est infiniment plus avantageux encore, tout dispendieux qu'il est, à celui suivi précédemment. La ville de Paris employait directement des agens sans intérêt immédiat à assurer la conservation de ses réserves; il en résultait qu'obligée de renouveler souvent cette réserve, elle perdait sur les farines qu'elle faisait vendre comme sur les grains qu'elle rachetait en remplacement de ceux qui se détérioraient. C'est ainsi qu'en 1818 il en a coûté 1,700,000 fr., tandis que la réserve à cette époque n'était que de 1,800,000 fr.

timens, la dépense d'entretien de ces derniers, ne peuvent être évalués à moins de. . . . . 5 »

En établissant un pour cent les frais d'administration, et de surveillance, je crois rester plutôt au-dessous qu'au dessus de la réalité, ci. 1 »

Ajoutons à cette dépense, celle de l'intérêt du capital employé en grains, que fournit la ville de Paris, et qui sera le même pour tous les cas. 5 »

Total. . . . 21 p. 100.

Maintenant, qu'au lieu de conserver ses grains par le même moyen, ce négociant les garde dans des *silos*, il lui en coûtera pour l'intérêt du capital employé en grains, celui indiqué ci-dessus qui est toujours le même. . . . . 5 p. 100.

Mais seulement pour l'ensilage, frais annuels, si la conservation dure plus de trois ans, comme il sera démontré plus bas. 1

Total. . . 6 p. 100.

Ainsi donc qu'un marchand conserve ses grains dans les greniers comme le fait la ville de Paris, et comme le font encore aujourd'hui presque tous les propriétaires et cultivateurs en France; que ce marchand éprouve une série de cinq années pendant lesquelles le froment se vendant au même prix et avec de faibles variations, il ait différé de le vendre pour ne pas perdre, il faudra au bout de cinq années qu'il obtienne 32 fr. environ, de ce qu'il aura acheté 15 francs, pour retrouver son capital, en y ajoutant le montant de ses frais. Si au contraire il a conservé ses grains par le moyen des *silos*, il suffira qu'au bout de la cinquième année il le vende 20 fr. pour retrouver ce même capital avec les intérêts, puisque dans la première hypothèse, il faut ajouter 21 p. o/o pendant 5 ans ou 105 pour o/o au capital, et plus encore à cause de l'intérêt composé; tandis que dans la seconde, il lui suffira d'ajouter 6 p. o/o pendant 5 ans ou 30 p. o/o à ce même capital. Et s'il arrivait qu'au bout de ces cinq années, le prix des grains achetés 15 francs l'hectolitre s'élevât à 25 fr., chose possible et probable, le négociant qui perdrait dans le premier cas 2 p. o/o de son capital, outre l'intérêt de ses fonds, gagnerait dans le second 50 p. o/o, et jouirait de l'intérêt de ses avances à raison de 5 p. o/o, ou bien aurait placé son capital en grains à 10 p. o/o, ce qui est la même chose.

Si, en faisant mes calculs j'ai négligé quelques fractions ou établi quelque supposition de prix un peu plus ou un peu moins élevé, cela n'en altère pas le fonds et ne détruit point mes raisonnemens. Or, plus ceux-ci sont exacts et concluans, plus il est important de vérifier et de constater si le mode de conservation que je recommande et que j'emploie (uniquement pour exemple), ne doit pas être préféré au système actuellement employé.

J'ai donc bien raison de dire que toute la base du système d'économie publique, qui consiste à faire arriver les années d'abondance au secours des années de disette, est placée, pour ainsi dire, là toute entière et consiste dans les moyens employés pour la conservation des grains : c'est par là que le commerce passe de la perte au bénéfice, ce qui, pour lui, est *être* ou *ne pas être* (1).

En faisant attention aux calculs joints aux procès-verbaux à l'appui de ce Mémoire, et après avoir pris connaissance de ceux publiés par M. le comte de Lasteyrie, et par M. le comte Dejean, on verra que le mode que j'emploie est beaucoup plus économique que celui employé par M. Dejean, parce que s'il paraît au premier coup-d'œil moins cher que celui de M. de Lasteyrie, qu'il fait

(1) Je ne prétends au reste considérer les *silos* que comme moyen de conservation plus sûr et plus économique, et comme devant par là faciliter les spéculations du commerce et de l'approvisionnement. Ceux-ci forment une question à part, que je n'ai point voulu traiter ici, mais qui n'en a pas moins un rapport immédiat avec celle des *silos* dont nous nous occupons aujourd'hui.

monter à 9 fr. 60 c. par hectolitre, tandis que le sien ne s'élèverait qu'à 6 fr., il n'a pas, comme ce premier, fait entrer toutes les dépenses dans son calcul, puisqu'il n'a pas compris celle du local où doivent être placés les vases de plomb dont il se sert. Le local le plus économique serait certainement un *trou en terre;* mais alors il faudrait ajouter à la dépense du vase en plomb, celle du *trou en terre*, ou, en d'autres termes, du *silo* que j'emploie. Dans tous les cas, pour éviter les déchirures provenant du poids des grains, le plomb devrait être plus épais que celui qu'il avait employé à la manutention des vivres, parce que ces vases étaient très-petits. Il y aurait donc augmentation de frais, et pour ce surcroît d'épaisseur du plomb, et pour le local qui doit recevoir ces vases, en excavations, charpente ou maçonnerie, etc. Alors disparaissent les économies supposées qui devaient résulter de l'application en grand de ce procédé.

Il résulte des calculs de M. Dejean, que le mode employé par M. de Lasteyrie fera revenir les dépenses du premier établissement à. 9 f. 60 c. par h.

Le procédé de M. Dejean, les ferait revenir à plus de . . . 6 »

Et celui dont je me sers à moins de 2 20

Si, comme j'ai déjà eu occasion de le dire, M. le comte Dejean a porté à 6 f. 40 c. la dépense par hectolitre de grains conservés suivant mon système, cela vient de l'erreur matérielle commise en appliquant les 1,247 f. de dépenses du *silo* n° 2 qui contient 574 hect., au silo n° 1 qui ne contient que 199 hect.; car 1,247 f. répartis entre 574 hect., donnent bien un peu moins de 2 fr. 20 c. par chaque hectolitre.

Voyant combien le mode de conservation que j'emploie était certain et économique, lorsqu'il s'étend à plusieurs années, et mettant hors de doute qu'il sera adopté généralement tôt ou tard, quand l'habitude, la routine, ou les préjugés seront vaincus, j'ai cherché à donner à mon système tout le développement dont il est susceptible. J'ai déjà établi dans un autre Mémoire qu'il doit procurer à la France une économie de plus de 60 millions, ou de quoi nourrir 1,200,000 individus de plus. Dans ces vues, j'ai fait construire trois nouveaux silos, en addition aux trois déjà construits, et les expériences que j'ai faites sur ces six fosses de formes différentes, épargneront des essais et des tâtonnemens ruineux à ceux qui auraient le désir d'augmenter de cette manière leur bien-être en contribuant à celui de leur patrie. C'est mon vœu le plus ardent; trop heureux si je puis aider par mes travaux à assurer l'existence de la classe la plus nombreuse de la société.

COPIE

Du Procès-Verbal de l'Expérience faite à Saint-Ouen, près Paris, chez M. le baron TERNAUX, *pour la conservation du blé dans un Silo.*

10 décembre 1819.

L'AN mil huit cent dix-neuf, le 10 décembre, nous, Jean-Baptiste Poirié, maire de la commune de Saint-Ouen, près Paris, arrondissement de Saint-Denis, département de la Seine, invité par M. le baron Ternaux, officier de l'ordre royal de la Légion-d'Honneur, membre de la chambre des députés, manufacturier, vice-président du conseil-général des manufactures, membre du conseil-général du département de la Seine, de la chambre de commerce de Paris, du conseil d'administration de la société d'encouragement pour l'industrie nationale et du comité pour l'amélioration des arts et de l'industrie, etc., etc., propriétaire en cette commune, à constater les procédés employés par lui pour une expérience qu'il exécute en ce moment pour la conservation des grains sous terre, au moyen de la privation d'air atmosphérique et de l'isolement de l'humidité, ...

Nous sommes rendu au lieu de l'expérience, situé à la droite, en-dehors de la grille de sa maison de campagne en cette commune, dans l'angle formé par le mur de son parc avec ladite grille, et à ciel ouvert;

Là, nous avons trouvé M. le baron Ternaux, auquel s'étaient réunis :

MM.

1° Ternaux-Rousseau, propriétaire, ancien manufacturier;

2° La Biche, chef de la 7e division du ministère de l'intérieur (agriculture et subsistances);

3° Le comte de Lasteyrie, membre de plusieurs sociétés savantes;

4° Le chevalier Bosc, membre de l'institut et de la société d'agriculture de la Seine;

5° Le chevalier Busche, directeur de l'approvisionnement de Paris;

6° Le baron Petiet, administrateur du service des fourrages de Paris;

7° Jourdain, ancien directeur des subsistances militaires, adjoint de l'administrateur susdit;

8° Et Andrieux, chef des ateliers de M. Ternaux, à Saint-Ouen, qui avaient été invités, tant par lui que par nous, à assister à cette opération, et en présence desquels nous l'avons reconnue et constatée ainsi qu'il suit :

1° Il a été exécuté et construit dans le terrain ci-dessus désigné, lequel présente à un mètre de la surface du sol un tuf, qui, après avoir été analysé par M. le chevalier Bosc, présente une marne, qui, débarrassée de 3/8es d'eau qu'elle contient, a donné 1/8e d'argile, 3/8es de sable quartzeux et 4/8es de calcaire; l'échantillon dont M. le chevalier Bosc a fait l'analyse, a été pris au fond du silo : ce tuf est solide dans les couches supérieures, mais assez tendre dans celles inférieures, une fosse que M. le baron Ternaux appelle *silo :* cette fosse est de forme irrégulière, représentant une figure dont la partie inférieure est presque cylindrique, et la partie supérieure une demi-sphère. Ce silo a 3 mètres 900 millimètres de hauteur perpendiculaire, depuis la base jusqu'à l'ouverture d'une cheminée d'un diamètre de 1,000 millimètres; cette cheminée, construite en briques liées avec chaux et sable, conduit à 20 centimètres de la surface du sol.

Le diamètre de la base du silo est de deux mètres huit cent cinquante millimètres; celui du ventre, pris à un mètre cinq cents millimètres de la base, est de trois mètres deux cents millimètres; enfin, ce diamètre, pris à deux mètres trois cents millimètres de la base, c'est-à-dire au commencement de la maçonnerie, a trois mètres deux cent cinquante millimètres.

Ce silo est creusé depuis sa base jusqu'à la hauteur de deux mètres trois cents millimètres, dans le tuf nu; à cette hauteur commence une maçonnerie en briques liées, chaux et sable, laquelle monte en cintre, et va mourir à la naissance de la cheminée ci-dessus décrite.

Nous avons remarqué que les parois de ce silo sont empreints de l'humidité naturelle du tuf.

M. le baron Ternaux nous a observé, que s'il eût su rencontrer dans le tuf de son terrain une aussi grande solidité, il se serait dispensé de faire les frais d'une voûte en briques, qui n'est pas nécessaire dans les terrains solides, ce qui, en augmentant les frais.

éloigne (quoique peu sensiblement) du but qu'il se propose, qui est la grande économie dans la construction des greniers souterrains. M. le baron Ternaux nous a encore observé qu'il avait le désir de faire cette expérience dans un terrain d'argile forte, qui a moins d'aptitude à recevoir et conserver l'humidité, mais que n'ayant pas de ces terrains dans sa campagne de Saint-Ouen, il avait été déterminé à la faire dans le tuf, tant à cause de sa solidité, que par sa grande distance des eaux de la Seine, dont le niveau moyen est à plus de trente-quatre mètres au-dessous du sol, lequel est lui-même plus élevé que toute la plaine Saint-Denis; il pense que les moyens pris pour parer à l'humidité naturelle du tuf, et dont il sera parlé plus bas, seront suffisamment efficaces.

Le plan de ce silo, conforme aux dimensions ci-dessus, est joint au présent paraphe par nous, au dos duquel nous avons inscrit le détail des frais de sa construction, qui montent, suivant les notes qui ont été exactement tenues, par ordre de M. le baron Ternaux, à la somme de 587 francs 95 cent., d'où nous remarquons que les frais de construction de ce silo, en y comprenant la maçonnerie de la voûte, que M. le baron ne regarde pas comme nécessaire dans un terrain solide, et qui monte cependant à plus de moitié de la dépense, formant le septième environ de la valeur du grain qu'il peut contenir, en calculant deux cents hectolitres au prix coûtant de 22 fr. l'hectolitre, ou 4,400 fr.

2° Après avoir reconnu la forme, les détails de

construction, la nature et les dimensions du silo, nous avons reconnu que les parois, depuis la base jusqu'à la naissance de la cheminée, ont été garnis de paille de seigle, longue et saine, de première qualité, à l'épaisseur de trente centimètres; que cette paille est peignée et débarrassée de fourrages et des plantes fermentescibles, et qu'elle est contenue par des crochets en fer, qui assujétissent des baguettes placées de manière à former un cercle entier de paille contre les parois. Ces baguettes en bois d'osier dépouillé, d'environ un centimètre de diamètre, sont placées à trente-trois centimètres de distance l'une de l'autre; de sorte que la paille est assujétie par treize cercles entiers de ces baguettes, fixées par deux cents crochets en fer, du bas en haut.

Le fond a été garni, 1° d'un lit de fascines, à l'épaisseur de trente-deux centimètres; 2° d'un lit de paille de seigle longue; 3° d'une natte de paille tressée grossièrement, et recouvrant le tout, qui est pressé et foulé de manière à laisser le moins d'air possible.

Nous reconnaissons que les divers objets qui ont servi à la garniture intérieure du silo, ou d'autres analogues, se trouvent, sans frais, à la disposition des cultivateurs, à l'exception des crochets de fer, qui peuvent être aisément suppléés par des crochets en bois.

M. le baron Ternaux nous a présenté la note qu'il a fait tenir des dépenses de garnitures de silo, dont nous avons inscrit le détail au verso du plan dont il a été question plus haut, et nous avons reconnu qu'elle monte à 156 francs 63 centimes; d'où il résulte que cette dépense qu'il faudrait renouveler chaque fois que l'on userait de cette méthode de conservation, monte à 3 fr. 56 cent. pour 100 fr. de la valeur actuelle des grains à conserver, en prenant cette valeur d'après le calcul déjà fait à l'article des frais de construction.

Nous remarquons que les grains étant en ce moment à un prix très-modéré, ces dépenses seront proportionnellement moindres, lorsque les grains montant à un prix plus élevé, elles s'appliqueront à une plus grande valeur, sans s'appliquer à une plus grande quantité de grains. Il est à observer que ces frais de 3, 56/100es. pr. 0/0, ne s'élèveront pas à plus de deux pour cent, lorsque ce silo sera construit pour contenir quatre à six cents hectolitres, au lieu de deux cents, ce qui est d'une trop petite dimension, et que ces frais seront au plus d'un pour cent pour le cultivateur, dans une dimension convenable (voir la colonne d'observations en détail des frais de garniture intérieure du silo), confirmant d'ailleurs notre observation placée plus haut, qu'ils seront presque nuls pour un cultivateur qui possédera de pareils greniers souterrains dans sa ferme.

3° Cette opération de la garniture du silo avait été terminée hier, 9 du courant; on avait fermé la bouche du silo pendant la nuit pour éviter que la bouche s'emparât de l'humidité de l'atmosphère, et nous avons reconnu que cette garniture était saine et en bon état; après quoi il a été procédé, ce jourd'hui, à l'introduction du grain dans le silo.

Nous avons remarqué que ce grain, que M. le baron

Ternaux nous a déclaré être de la récolte de 1818, des provenances de M. Oberkampf fils, dans le canton d'Essonne, département de Seine-et-Oise, était du blé froment de la récolte annoncée ; qu'il était de bonne première qualité, sans être de la tête; assez sec, en bon état de conservation, n'ayant ni goût, ni odeur, et que chaque hectolitre de ce blé froment pesait 80 kilogrammes 4 décagrammes; il a été versé dans le silo 199 hectolitres de grain, qu'un homme pressait dans le silo, à mesure de l'opération; soit 199 kilogrammes 4 décagrammes.

La bouche intérieure a été fermée par un couvercle en bois de chêne, après avoir rempli autant qu'il a été possible, avec de la paille, l'espace entre le grain et le couvercle; la cheminée a été comblée de pierres et fermée hermétiquement d'une dalle, aussi en pierre, scellée avec du plâtre, M. Ternaux se proposant de faire rouvrir ce silo dans quinze jours ou un mois, pour faire remplir le vide qui pourrait avoir été occasioné par la pression du grain; le tout a été recouvert de la terre provenant de l'excavation, par-dessus laquelle on a jeté plusieurs charretées de platras, et nous avons abandonné ce silo, à ciel ouvert, à l'influence de la saison, pour être ouvert quand il sera jugé convenable par M. le baron Ternaux. Cette opération a été faite par un temps pluvieux et couvert, le thermomètre marquant dans l'intérieur du silo, où il avait été laissé vingt-quatre heures, 5 degrés au-dessus de zéro de Réaumur, et à l'air libre 3 degrés au-dessus de zéro.

La construction du silo, qui s'est faite sous nos

yeux, depuis le commencement d'octobre jusqu'à ce jour, a été constamment contrariée par la saison pluvieuse; elle a fait souvent interrompre les travaux qui auraient pu être terminés en huit ou dix jours; on y a remédié, en les couvrant et donnant un autre cours forcé aux eaux pluviales.

Fait, clos et arrêté à la réquisition de M. le baron Ternaux, le présent procès-verbal, auquel ont signé avec nous M. le baron Ternaux, et MM. Ternaux-Rousseau, La Biche, le comte Lasteyrie, le chevalier Bosc, le chevalier Busche, le baron Petiet, Jourdain et Andrieux.

A St.-Ouen, les jour, mois et an que dessus.

Signé JOURDAIN, le comte LASTEYRIE, BOSC, PETIET, BUSCHE, LA BICHE, J.-B. POIRIÉ, TERNAUX-ROUSSEAU, G.-L. TERNAUX l'aîné.

PROCÈS-VERBAL

De la sortie du Grain déposé dans un Silo ou Fosse souterraine, le 10 *décembre* 1819.

Saint-Ouen, le 12 octobre 1820.

L'AN mil huit cent vingt et le 12 octobre, et par continuation du procès-verbal dressé par nous le dix décembre mil huit cent dix-neuf, pour constater l'introduction de cent quatre-vingt-dix-neuf hectolitres de grain dans un silo, ou fosse à grain, à la campagne de M. Ternaux l'aîné, en la commune de St.-Ouen.

Nous, Jean-Baptiste Poirié, maire de Saint-Ouen, arrondissement de Saint-Denis, département de la Seine, prévenu par M. Ternaux l'aîné, négociant-manufacturier, officier de l'ordre royal de la Légion-d'Honneur, membre de la chambre des députés, du conseil général du département de la Seine, de la chambre de commerce de Paris, du comité pour l'amélioration des arts et de l'industrie, du comité cantonnal d'instruction publique, etc., propriétaire en cette commune, qu'il avait fixé ce jourd'hui douze octobre, pour faire l'ouverture de ce silo et l'extraction du grain qu'il contient, et invité par lui à reconnaître cette opération et à constater ses résultats,

Nous sommes rendu à sa maison de campagne et sur l'emplacement où a été creusé, l'année dernière, le silo qui a été rempli de blé froment, et qui est plus amplement décrit, en outre, au procès-verbal du 10 décembre précité;

Là étant, nous avons trouvé une partie des personnes qui avaient été présentes à l'opération du 10 décembre 1817; savoir :

MM.

1° Ternaux l'aîné, sus-qualifié;

2° Ternaux-Rousseau, propriétaire, ancien manufacturier;

3° Le comte de Lasteyrie, membre de plusieurs sociétés savantes;

4° Le chevalier Busche, directeur de l'approvisionnement de Paris;

5° Jourdain, ancien directeur des subsistances militaires;

6° Andrieux, chef des ateliers de M. Ternaux.

MM. le chevalier Bosc, La Biche et Petiet n'ayant pu s'y rendre, quoiqu'invités.

Divers fonctionnaires et propriétaires s'étaient réunis aux personnes ci-dessus désignées, sur l'invitation de M. Ternaux; savoir :

MM.

7° Le comte Chabrol de Volvic, conseiller d'Etat, préfet de la Seine;

8° Le duc de la Rochefoucault-Liancourt, pair de France, etc.;

9° Fauchat, chef de division au ministère de l'intérieur;

10° Bournonville, chef de bureau, *idem.*

11° J.-B. Say, membre du conseil-général d'administration de la société d'encouragement;

12° Le général d'Aigremont;

13° Clément, chimiste;

14° A. Jaubert, maître des requêtes;

15° Berard, *idem*.

16° De Montamant, membre du conseil-général du département de la Seine;

17° Valknaër, secrétaire-général de la préfecture de la Seine;

18° Champion de Villeneuve, conseiller de préfecture;

19° Gérard, ingénieur en chef du canal de l'Ourcq, membre de l'académie;

20° Hachette, ingénieur, membre de l'académie des sciences;

21° Mirbel, ancien secrétaire-général du ministère de l'intérieur;

22° Boscheron, de Toulon, payeur de la marine;

23° Kératry, député;

24° Costaz (Anthelme), l'un des secrétaires de la société d'encouragement;

25° Gengembre, inspecteur-général des monnaies;

26° Jomard, chef de bureau à la préfecture de la Seine;

27° Vincent, chef de bureau au ministère de l'intérieur;

28° Vassal, membre de la chambre de commerce;

29° Fabricius, conseiller de S. M. le Roi des Pays-Bas;

30° De Sauvage, inspecteur-adjoint de la navigation;

31° Baudin, capitaine de vaisseau;

32° L. Ternaux fils, manufacturier;

33° Varillat, chef de la fabrique de Louviers;

34° Sylvestre, membre du comité d'agriculture de l'académie;

35° Boscheron, membre du conseil-général du département.

La réunion des personnes engagées à prendre connaissance de cette opération n'ayant été complète que vers les onze heures, c'est alors que des ouvriers, appelés à cet effet, ont commencé, en présence des personnes ci-dessus dénommées, à déblayer les terres qui recouvraient l'ouverture du silo; nous avons préalablement reconnu, comme tous les assistans, que la superficie du terrain qui recouvre le silo, à côté du chemin public et sans abri, est dans le même état que nous l'avions laissée l'année dernière, et qu'elle a été exposée à toutes les variations de l'atmosphère et à l'influence du chaud et du froid, de la sécheresse et de l'humidité depuis cette époque. Les premières terres déblayées, on a enlevé la pierre ou dalle, qui, scellée avec du plâtre, couvrait entièrement l'ouverture; ensuite il a été procédé à l'enlèvement des pierres et débris de tuf qui remplissaient la capacité de la cheminée. Nous avons remarqué que ces débris avaient conservé quelque humidité.

Le couvercle de bois de chêne a été enlevé, et il a été sorti de l'intérieur du silo une couche d'environ 32 centimètres de paille qui recouvrait le grain; cette paille était un peu humide, mais non corrompue: là, nous avons remarqué la couche supérieure du grain, et reconnu qu'il y avait affaissement de la masse d'environ 8 centimètres. Une poignée prise sur cette couche, avait l'odeur d'un grain tenu quelque temps renfermé dans un lieu humide; mais en écartant le grain de cette première couche, nous avons reconnu qu'à une profondeur de 5 à 8 centimètres seulement, le grain n'avait plus cette odeur, et qu'il était sain, frais, sans goût ni odeur, et parfaitement conservé.

Il a été fait alors usage d'une sonde, au moyen de laquelle il a été facile de puiser, à la profondeur de quelques décimètres (10 à 12), une portion de grain qui a été trouvée dans l'état le plus satisfaisant.

Il a été procédé sans désemparer à l'extraction de ce grain, et il a été reconnu que cette portion de blé qui avait un peu souffert montait à un peu moins d'un hectolitre, qui a été étendu à l'air libre, et dont il sera encore question plus bas. Le reste du blé a été sorti du silo, sans discontinuer; cette opération n'a été terminée que vers neuf heures du soir, et jusqu'au dernier grain, il s'est trouvé dans le meilleur état de conservation.

A diverses reprises, et pendant l'opération, différentes personnes sont descendues dans le silo, tant pour reconnaître l'état du grain que celui de la garniture intérieure de paille; et comme il a été observé par quelques-unes que le blé leur paraissait médiocrement sec, et par quelques autres que celui qui était en contact avec la paille de la garniture leur paraissait aussi présenter quelqu'apparence d'une moindre siccité que celui du cœur du silo, il a été répondu unanimement par les personnes qui avaient été présentes à l'opération du 10 décembre 1819, qu'elles n'apercevaient pas cette différence; que quant à l'état du blé, il était parfaitement conforme à celui dans lequel il avait été mis, et qu'il fallait se reporter, à cet égard, aux circonstances de l'introduction du grain, lesquelles sont constatées par notre procès-verbal dudit jour, déjà cité; ce que nous reconnaissons de la plus exacte conformité.

Quant à la garniture intérieure en paille, il a été reconnu que dans toutes les parties en contact avec le grain, elle est saine, blonde, de bonne odeur, et sans aucune altération; mais sondée dans son épaisseur, dans tous les endroits qui ont été visités, 45 millimètres de celle qui est appliquée contre les parois, s'est trouvée humide, ayant l'odeur du tuf, mais non encore corrompue, ni même noircie; enfin, l'état de la surface de cette garniture de paille est si satisfaisant à l'œil, au toucher et à l'odorat, qu'il a fait mettre en question s'il ne serait pas économique pour l'opération, de faire servir le même silo dans l'état où il se trouve, sans renouveler la paille. M. Ternaux aîné, dont l'intention est de conserver le même grain par la même méthode, mais pendant un plus longtemps, préfère renouveler la paille en partie, pour ne pas manquer aux lois de la prudence, surtout dans une opération de ce genre, dont les procédés sont si peu connus en France; mais il a été reconnu sans contradiction que le blé aurait pu rester encore deux ou trois ans dans le silo, ainsi garni, sans courir aucun danger pour sa conservation.

Pendant l'extraction du grain, il a été transporté dans l'orangerie voisine, où il a été procédé au mesurage au demi-hectolitre, et à la reconnaissance du poids du grain, en pesant une mesure sur dix ; il a été tenu note exacte de cette opération, dont nous avons consigné ici le résultat.

Il a été compté 411 mesures 1/3 ou 205 h. 66 lit. 6 déc.

Détail des pesées.

N°			k°	l'hect.	N°			k°	l'hect.
1	à	9	75	8	210	à	219	76	4
10	à	19	74	5	220	à	229	76	4
20	à	29	74	2	230	à	239	76	1
30	à	39	74	4	240	à	249	76	5
40	à	49	74	7	250	à	259	77	»
50	à	59	74	7	260	à	269	77	1
60	à	69	74	7	270	à	279	77	2
70	à	79	74	7	280	à	289	77	2
80	à	89	75	1	290	à	299	77	3
90	à	99	74	7	300	à	309	77	3
100	à	109	74	7	310	à	319	77	3
110	à	119	74	8	320	à	329	77	4
120	à	129	75	1	330	à	339	77	2
130	à	139	75	7	340	à	349	77	6
140	à	149	75	8	350	à	359	77	»
150	à	159	76	»	360	à	369	76	6
160	à	169	75	8	370	à	379	77	»
170	à	179	75	8	380	à	389	76	3
180	à	189	76	4	390	à	399	76	5
190	à	199	76	5	400	à	409	75	7
200	à	209	76	4	410	à	411 2/3	76	6
					TOTAL.			3192	9

D'où il résulte que le poids moyen d'un hectolitre étant de 76 kilogr., les 205 hectol. 66 litres 6 déc. trouvés, donnent un poids total de 56 quintaux métriques, 30 kilog., et qu'il y a eu 6 hect. 66 lit. 6 déc. de bénéfices sur la mesure, soit environ 3 33/100, et perte sur le poids de 3 quintaux métriques 6 décagrammes, ou environ 2 33/100.

Plusieurs personnes qui n'avaient point été présentes au commencement de l'opération, sont survenues pendant, à la fin, et après l'opération ; savoir :

36° Le général Mathieu Dumas, conseiller d'état;

37° Johannot, payeur général des ministères;

38° Julien, maire d'Epinay;

39° Hains, inspecteur général des douanes;

40° De Rougemont, directeur des douanes de Paris;

41° Tourton, banquier;

42° Dufresne de la Chauvinière, colonel d'état-major de la garde nationale;

Ainsi que beaucoup d'habitans du lieu et des environs, cultivateurs, meuniers, boulangers et autres, qui ont examiné l'état du grain, l'ont trouvé bien conservé, très-propre à la mouture, la farine moelleuse, d'un bon goût, d'une extrême blancheur, et d'une panification probablement facile.

Vers huit heures du soir, l'hectolitre de grain qui avait été mis à part, a été examiné de nouveau, et il a été remarqué que, quoique ce grain n'eût pas été pelleté, et que le temps fût couvert et doux, il avait déjà perdu la plus grande partie de l'odeur qu'il avait eue en sortant du silo, ce qui a conduit à remarquer qu'à la mastication, la farine n'avait aucun mauvais goût, et que l'odeur d'humide n'avait pas pénétré le son; d'où il suit qu'il ne peut pas même être considéré comme avarié.

M. Ternaux nous a présenté un sac du même blé, qui avait été laissé dans les greniers ordinaires; ce blé a été trouvé assez bien conservé; pourtant quelques grains sont percés par le charençon : sa pesanteur s'est trouvée être de 75 kilog. 1 décag. l'hectolitre.

Un autre échantillon du même blé qui avait été mis dans une bouteille fermée d'un bouchon, et enterrée à deux pieds de profondeur, dans un lieu couvert et habité, a été reconnu sec, mais gercé et retrait. Le poids de ce blé s'est trouvé être de 75 k° l'hectolitre. Comme il n'avait point été pesé l'année dernière, on ne pourrait aujourd'hui faire une comparaison exacte; mais en prenant pour terme de comparaison approximative, le poids moyen de ce blé au 10 décembre 1819, il est évident que celui conservé sur le grenier a éprouvé un déchet plus considérable.

M. Ternaux nous a invités à consigner au présent, que son intention est de replacer le même grain dans le même silo, mais pour l'y conserver cette fois dix-huit mois ou deux ans; ce qui aura lieu aussitôt qu'une partie de la garniture en paille sera changée.

Il sera enlevé des échantillons du tuf pris dans l'intérieur de la fosse, à différentes hauteurs, pour être analysés de nouveau, et reconnaître si ce tuf contient les mêmes proportions d'eau que celles indiquées par notre précédent procès-verbal; à ce sujet, M. Ternaux nous a priés de mentionner ici une lettre de M. le chevalier Bosc, que nous transcrivons sur l'original à nous présenté.

Paris, le 11 décembre 1824.

Monsieur, il résulte de l'analyse que je viens de faire de la marne prise hier au fond de votre silo, qu'elle contient trois huitièmes d'eau; ce qui me ferait croire qu'il y aurait plu, malgré la tente qui en recouvre l'ouverture, si la composition que j'ai reconnue dans cette marne ne me faisait pas soupçonner que toute sa masse en contient une même quantité. En effet, c'est l'argile qui s'oppose le plus aux infiltrations, et sa proportion dans cette marne desséchée n'est que de 178 sur 378 de sable quartzeux, et moitié de calcaire. Si votre expérience réussit, elle prouvera tout ce qu'il est possible de désirer; mais je suis persuadé plus qu'hier qu'il sera prudent de faire visiter votre silo au printemps prochain, pour en retirer le blé, s'il est jugé trop humide pour y rester. Je crois qu'il est bon de consigner cette analyse dans le procès-verbal de l'opération.

Signé Bosc.

Le thermomètre plongé dans la masse du grain, à diverses profondeurs, pendant le cours de la journée, a varié de 11 à 15 degrés de Réaumur, et à l'air extérieur de 6 à 11.

Fait, clos et arrêté le présent procès-verbal, auquel sont invitées à signer avec nous les personnes y désignées.

A Saint-Ouen, les jour, mois et an que desssus.

Signé J.-B. Poirié, G.-L. Ternaux l'aîné, Silvestre, Jomard, le Comte de Lasteyrie, Kératry, Walknaer, Gérard, Gengembre, J.-B. Say, Montamant, Busche, Fabricius, de Rougemont, de Sauvage, Vinant, Ch.-Anthelme Costaz, Hachette, Chabrol, Vassal, Boscheron, A. Jaubert, Ch. Baudin, Tourton, le Comte Dumas, Hains, J. Andrieux, Julien, Bérard, Larochefoucault, D'Aigremont, Champion de Villeneuve, Ternaux-Rousseau.

PROCES-VERBAL

De la Mouture du Grain.

L'AN mil huit cent vingt, les neuf et dix novembre, dans le but de comparer, dans leurs résultats à la mouture et à la panification, les blés conservés dans la terre, à Saint-Ouen, par M. le baron Ternaux, et ceux de même nature conservés par la méthode ordinaire, il a été procédé en présence de MM. les commissaires délégués par M. le comte de Chabrol, conseiller d'état, préfet de la Seine, dans le moulin de M. Destors, à Saint-Denis, où étaient aussi :

M. Destors, négociant en grains, propriétaire du moulin,

M. Ternaux aîné, manufacturier, etc.,

Et M. Jourdain, ancien directeur des subsistances militaires, à la mouture (par les procédés de la mouture économique), des trois sortes de blé froment, dont désignation suit, et qui ont été pris, devant les assistans, dans les greniers de M. Ternaux, à Saint-Ouen, et provenant des sources suivantes :

SAVOIR :

N° 1 : 252 kilo net de blé qui avait été conservé au centre du silo, et qui est resté en tas depuis sa sortie de la fosse de Saint-Ouen ;

N° 2 : 63 kilo net du même blé, qui avait été conservé par la méthode ordinaire sur les greniers, pour le comparer avec celui conservé par la nouvelle méthode ;

N° 3 : 82 kil. 50 net du blé qui s'était trouvé humide à l'ouverture du silo, à cause de son contact avec le couvercle, le blé qui a été pelleté et étendu a perdu une grande partie de son odeur. (Ces 82 k. 50 sont la totalité de ce blé humide.)

Ayant soumis les trois parties de blé préalablement et séparément à l'action du tarare, elles ont produit :

Le N° 1, 247,50 net déchet 4,50 ou 1,81/100 p. 0/0.
2, 62,50 net déchet 0,50 ou 0,80/100 *id.*
3, 81, » net déchet 1,50 ou 1,85/100 *id.*

Il n'a pas été tenu compte, dans les épreuves, d'un quatrième sac de blé du fond du silo, dont on s'est servi pour engrainer le moulin et préparer la mouture des trois épreuves de blé sur lesquelles le but est de faire l'expérience jusqu'à la panification.

En conséquence, les blés ci-dessus désignés par numéros, ont été livrés successivement, en commençant par le n° 1, à l'action des meules et des blereaux, et après les procédés ordinaires, pour en obtenir les divers produits donnés par la mouture économique, chacun a donné les résultats suivans :

1° Les 247 50 kil. du N° 1 ont produit. 245 k. 80

SAVOIR :

pour cent.		*kil.*			
32 93/100	Farine de blé	81 50	128 »		247 50
18 79/	1er gruau	46 50			
15 75/	2e gruau	37 50	66 50		
5 25/	Farine, 3e qual.	13 »			
5 65/	— 4e	14 »			
20 72/	Recoupe. . . .	13 30	51 30		
	Son.	14 »			
	Remoulage. .	11 »			
	Recoupette. .	13 »			
0 71/	Évaporation à la mouture et au blutage.		1 70		
100 »					

2° Les 62 kilog. 50 du N° 2 ont produit 63 k. 00

39 20/100	Farine de blé	24 50	35 »	63 »
16 80/	1er gruau	10 50		
23 52/	Gruau et Far à remoudre. .	14 50	28 »	
21 28/	Sons gros. . .	13 50		
100 80/000				

Les cinquante décagrammes qui se trouvent en trop, proviennent sans doute de l'engrainage de la mouture précédente, ce qu'il est difficile d'éviter dans des expériences faites sur des quantités de grains si peu considérables.

3°. Les 81 kil. du blé criblé n. 3 ont produit 80 70

50 »/100	Farine de blé	40 50	55 20	80 70
18 15/	1er gruau.	14 70		
14 44/	Gruau et far. à remoudre.	11 70	25 50	
17 23/	Sons gros...	13 80		
» 38/	Déchet de mouture et évaporation au blutage			» 50
100 »				81 »

Il n'a été remarqué aucune différence sensible entre les produits des trois n°ˢ comparés les uns aux autres, et chaque blé a bien produit toutes ses nuances de farine; les farines de blé et gruau ont été trouvés d'une excellente qualité; ceux-ci étant destinés à être convertis en pain, ils ont été mis dans six sacs cachetés sous l'empreinte (E), avec des étiquettes comme suit :

Farine de blé,	N° 1,	81 50	128 »
Gruau,	» 1,	46 50	
Farine de blé,	» 2,	24 50	35 »
Gruau,	» 2,	10 50	
Farine de Blé,	» 3,	40 50	55 20
Gruau,	» 3,	14 70	

Pour être conduits à l'adresse de M. J. J. Gobay, boulanger, rue du faubourg Saint-Antoine, n° 186, chez lequel se fera la panification, lorsque les farines seront suffisamment reposées.

Les farines et gruaux à remoudre des n°s 2 et 3, et les issus des n°s 1, 2 et 3, ont été laissés à la disposition de M. Ternaux, ainsi que le produit du blé n° 4.

Fait et clos à St.-Denis, au moulin de M. Destors, les jour, mois et an que dessus, et ont signé

MM. Jourdain, Destors, Clément, Busche, Minot, Bosc.

PROCES-VERBAL

De la Panification.

27 et 28 novembre 1820.

L'an mil huit cent vingt, les vingt-sept et vingt-huit novembre, il a été procédé, dans la boulangerie de M. J. J. Gobay, demeurant rue du faubourg Saint-Antoine, n° 186, en présence de MM. les commissaires délégués, par M. le préfet de la Seine, (MM. Busche, directeur général de la réserve, et Minot, contrôleur des manutentions civiles de Paris), et en présence aussi de MM. Ternaux aîné, manufacturier, le chevalier Bosc, membre de l'Institut; Jourdain, ancien directeur des subsistances militaires, et Bonnefoux, ancien manutentionnaire des armées, à la fabrication du pain avec les farines n°s 1, 2 et 3 provenant des grains dont l'origine est désignée dans le procès-verbal de mouture des neuf et dix novembre suivant. Ces trois sortes de farines ont été traitées exactement par les mêmes procédés; les levains ont été commencés le vingt-sept, à neuf heures du soir, par un chef de pâte de pain blanc de troisième fournée, de 3 kilogrammes pour la farine n° 1, et d'un kilogramme et demi pour chacune des farines n°s 2 et 3, conduits pendant la nuit du 27 au 28, sous la direction de MM. Minot et Bonnefoux.

Les six sacs contenant les farines ont été reconnus bien clos et scellés du cachet apposé à leur arrivée à la boulangerie, lequel cachet a été rompu pour y prendre les portions de chaque espèce de farine nécessaire aux levains.

Et le vingt-huit novembre, à six heures et demie du matin, les levains étant reconnus à point, il a été procédé séparément au pétrissage des farines et à la cuisson du pain, et les trois espèces de farine ont produit les résultats suivans, qui ne peuvent être regardés comme rigoureusement exacts pour les quantités :

1° Parce qu'il n'a pas été fait compte des chefs dont on a fait les levains, ni des portions de farine qui ont été prélevées pour être soumises à des expériences analytiques;

2° Parce qu'il n'a pas été tenu note de la température ni de la quantité d'eau employée;

3° Parce que dans une expérience faite sur d'aussi petites quantités, il est impossible de réunir toutes les circonstances de fabrication qui sont strictement nécessaires pour obtenir des résultats bien positifs:

1° 128 kilogr. de farine n° 1, provenant du blé conservé dans le silo, ont donné 77 pains 1/2 de 2 kil. l'un; soit: 155 kilogr. ou 121 09/100es pour 100 de farine.

2° 35 kilogr. de farine n° 2, provenant du blé conservé par la méthode ordinaire sur les greniers, pour en faire la comparaison avec les précédentes, ont donné 21 pains

1/4 de 2 kil.; soit: 44 kilog. 1/2, ou 127 14/100es pour 100 de farine.

3° 55.2 kilogr. de farine n° 3, provenant du blé qui s'est trouvé avoir une odeur d'humidité à l'ouverture du silo, ont produit 34 pains et demi de 2 kilogrammes; soit: 69 kilog. ou 125 pour 100 de farine;

et quant aux qualités des trois sortes de pain, le pain du n° 1 est le plus blanc, et sans aucune odeur étrangère à celle du bon froment; il est bon au goût, il a bonne apparence, et est bien fabriqué. Si son volume n'est pas considérable comparativement au pain de la boulangerie de Paris, on doit l'attribuer à sa nouvelle fabrication, l'habitude en boulangerie étant de passer la première fournée et quelquefois la seconde en pain sans grique, en pain rond.

Quant à sa couleur, il a été moins susceptible d'en prendre considérablement, les levains étant jeunes et la pâte ferme, quoique le four ait été chauffé à point.

Le pain du n° 2 n'a pas un œil aussi beau que celui du n° 1. Sa fabrication est à peu près la même; le goût n'en est pas aussi agréable, l'apprêt n'est pas aussi bien, et la couleur en est beaucoup plus terne.

Les mêmes observations faites au n° 1, sont applicables au second, relativement au volume et à la façon.

Il a la couleur plus chargée (quoiqu'en pâte bâtarde); ce qu'on pourrait attribuer, ou à du blé mal sain, ou à une farine trop froide au pétrin, et sur laquelle on aurait coulé l'eau trop chaude. Cette dernière observation, que l'on pourrait attribuer à la boulangerie comme une faute dans la fabrication, serait excusable ; en général, les boulangers font presque toujours école sur la première fournée; ils n'obtiennent presque jamais à la première le résultat qu'ils obtiennent ensuite à la deuxième, à la troisième et successivement.

Le pain du n° 3 a l'extérieur d'un pain provenant de farines qui ont souffert. Il est cependant moins terne que le précédent. On voit toujours en fabrication que le pain qui provient de farines marronnées ou altérées par diverses causes, est chargé de couleur et porte le goût du levain trop vieux ; malgré le parfait travail, la pâte ressue et le four a plus d'action sur la croûte, à cause de la privation ou de l'altération du gluten par toutes les causes possibles d'altération; le pain a mauvaise façon, mauvais apprêt, et le goût des denrées qui ont souffert domine ; il cuit ordinairement à l'extérieur ; mais l'intérieur est gras , et la croûte se lève.

Toutes ces mauvaises qualités ne se sont pas trouvées dans le pain n° 3; mais il participe un peu de toutes.

En dernière analyse, le résultat de la fabrication classe comme il suit :

Le n° 1, c'est-à-dire le pain provenant du blé conservé sous terre, en première ligne;

Le n° 3, ou celui du blé trouvé humide à l'ouverture du silo, en seconde ligne;

Le n° 2, ou le pain provenant du blé conservé sur le grenier, en troisième et dernière ligne.

Dressé le présent procès-verbal, auquel ont signé avec nous les témoins de l'opération.

A Paris, le vingt-huit novembre mil huit cent vingt.

Signé Jourdain, Destors, Busche, J. Bonnefoux, Clément, Minot, J.-J. Gobay, Bosc.

FRAIS DE GARNITURE INTÉRIEURE DU SILO.

Achat de Paille de seigle.			
26 bottes à 125 fr. le cent. . . . 32 f. 50 c.	72 f. 10 c.		(*)
44 *id.* à 90 fr. *id.* 39 60			
Achat de 15 fagots au prix de 26 francs le 100..	3	90	
Façon de Paillasson du fond.			
3 journées à 1 f. 10 c. 3 30	11	10	
4 livres ficelle à 1 f. 40 c. . . . 5 60			
15 journées d'ouvriers employés à garnir de paille l'intérieur, à 1 f. 75 c.	26	25	
50 baguettes d'osier à 4 f. le 100.	2	»	
2 journées d'un ensileur pour introduire, placer et tasser le grain dans le silo. . . .	6	»	
Intérêt de 587 f. 95 c. des frais de construction, à 6 pour 100 par an.	35	28	
Total des frais d'ensilage.	156	63	

Frais de construction : 587 fr. 95 centimes.
Id. d'ensilage : 156 fr. 63 centimes.

(*) Il est facile de remarquer que le prix de ces pailles est exorbitant, mais la paille de l'année étant noire, on n'a voulu employer que celle de 1818, que les détenteurs ont vendue ce qu'ils ont voulu : en paille de l'année, c'eût été une dépense de 15 à 16 fr., à raison de 20 fr. le cent de bottes.

FRAIS DE CONSTRUCTION DU SILO, ET ACHATS D'USTENSILES.

Mémoire des terrassiers qui ont creusé la terre, 5 toises 125/216 cubes, à 12 f. la t.		66 f.	75 c.	
Mémoire des journées payées par Remy, pour l'enlèvement des terres.		45	»	
Mémoire du maçon.	180 f. 30 c.	330	30	(*)
Achat de 3000 briques à 50 f. le mille.	150 »			
Mémoire du menuisier pour modèle en bois du cintre et du chapeau qui ferme l'ouverture intérieure.		25	90	
200 crochets en fer, du poids d'une livre, au prix de 60 centimes.		120	»	(**)
TOTAL des frais de construction et d'achat d'ustensiles.		587	95	

(*) On sait que ces dépenses, montant à 356 fr. 20 c., seraient réduites des 4/5 si la fosse étant creusée dans un terrain solide, on se contentait de faire l'ouverture en maçonnerie, comme cela se pratique dans les pays où les fosses en terre sont en usage.

(**) Ces crochets auraient pu n'être que d'une demi-livre; ils peuvent d'ailleurs, dans les silos en terre, être remplacés par des crochets en bois.

EXPLICATION DE LA FIGURE CI-CONTRE.

AA.	Niveau du sol.	
AB.	Distance du sol au sommet de la pierre servant de fermeture au silo.	$0^{m}.32^{c}$
CD.	Epaisseur totale de la pierre servant de fermeture.	0 32
EF.	Distance de la partie inférieure de la pierre, à la partie inférieure du bouchon en bois. . . .	1 »
FG.	Epaisseur du bouchon en bois.	0 10
HH.	Paille brisée placée entre la pierre de fermeture et le bouchon en bois.	
II.	Col cylindrique du silo, en briques de 8 pouc. de long sur 4 pouces de large et 2 d'épaisseur.. .	
JJ.	Voûte sphérique, en briques de mêmes dimensions que celles du col du silo.	
—	Diamètre supérieur de l'ouverture du col du silo.	0 90
—	Diamètre inférieur dudit, au-dessous du bouchon.	0 85
—	Diamètre de l'ouverture de la voûte.	0 60
EK.	Hauteur totale du silo, y compris le co	7 »
LM.	Grand diamètre du silo à la naissance de la voûte.	4 50
NO.	Petit diamètre ou base du silo.	4 10
PP.	Fagots couchés séparant les paillassons de la terre.	0 16
QQ.	Paillassons sur lesquels repose le grain.	0 08
RR.	Crochets en fer ou en bois pour retenir et attacher la paille.	
SS.	Couche de paille, placée debout, pour garantir le grain de tout contact avec la terre et les briques.	0 24

Le grand diamètre de la partie vide, à la naissance de la voûte, est de.	4 02
Le petit diamètre du vide, au-dessus du paillasson, est de.	3 64
La distance perpendiculaire du paillasson, au centre de la voûte, est de.	3 31
La capacité totale du vide du silo est de 55 mètres cubes 300 millimètres cubes, ci.	55 30
La capacité d'un hectolitre de grain, ayant 5031 dix-millimètres de hauteur et de diamètre, donne 0 mèt. 10 centièmes de mètre cube..	0 10
Donc, 55 mèt. 30 cent. contiendront 553 hectolitres, ci..	553 hect.

Capacité totale du silo, en mètres cubes. . . . 75 mèt. cub. 521

Coupe verticale d'un Silo.

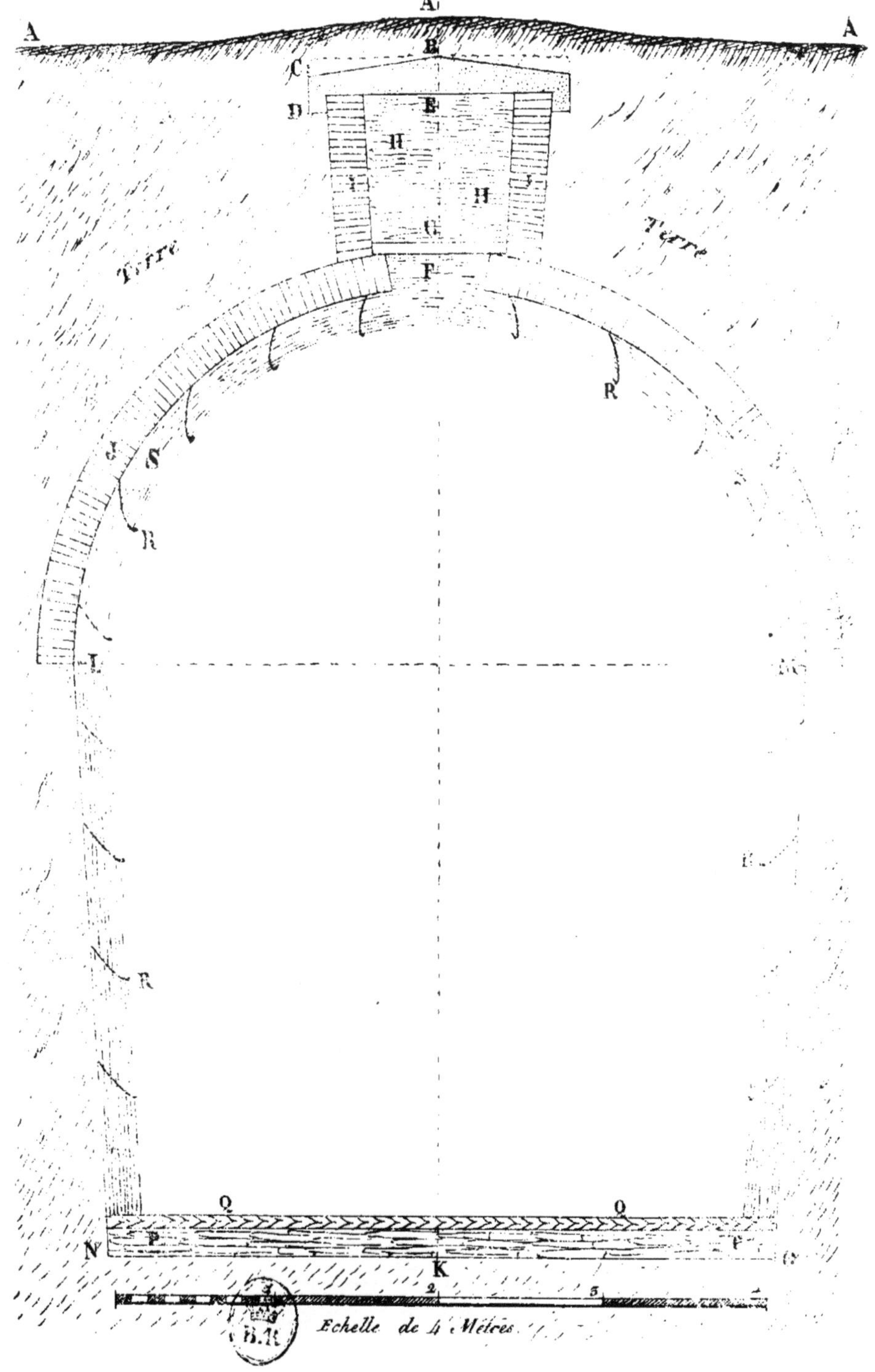

www.ingramcontent.com/pod-product-compliance
Ingram Content Group UK Ltd.
Pitfield, Milton Keynes, MK11 3LW, UK
UKHW021032180726
13838UKWH00004B/1750